小创客的 ⟨第一课⟩ ⟨/⟩

给孩子的

编程启蒙书

什么是算法和程序漏洞_

〔英〕希瑟·莱昂斯　〔英〕伊丽莎白·特威代尔
〔英〕亚历克斯·韦斯盖特 / 绘
杨菁菁 / 译

U0222936

中信出版集团 · 北京

目 录

入门指南

嗨，你好！我是数据鸭。在本书中，我们将一起学习有关计算机算法和漏洞的知识。还有很多有趣的练习等着你哟！

算法是一组简单的指令，告诉计算机应该做什么。我们将学习如何编写、验证以及修正算法。

小贴士

这里列出了一些你将学到的关键词，试着大声念出来吧。

- 算法
- 序列
- 代码
- 循环
- 调试

本书中有很多可供你尝试的操作，其中包括一些在线操作。你可以登录www.blueshiftcoding.com/kidsgetcoding，点击本书封面或书名，即可找到对应的练习。

无处不在的计算机

在生活中，计算机无处不在，它们的外形和大小各不相同。我们可以借助计算机做很多事情，例如打电话、买东西和做家庭作业。

计算机只是一种机器，所以它们本身并不聪明，它们需要靠指令来完成任务。本书将教你如何给计算机下达指令。

小贴士

计算机的指令存储
在存储器中。

看一看，找一找

你能在这两页中找到五种
不同类型的计算机吗？有的
你可能想象不到哟。说说它
们都是用来做什么的。

答案见第21页。

什么是算法?

"算法"听起来像一个很深奥的词语,但它其实指的是一系列步骤,就如同菜谱中那些做菜的步骤一样。

计算机使用算法来完成我们需要它们执行的任务。因此,我们必须在算法中给出清晰的指令,以便让计算机知道该怎么做。

5. 刷牙持续两分钟。

6. 吐出牙膏沫。

8. 把牙刷放回牙杯里。

7. 冲洗牙刷。

小贴士

计算机会通过执行算法来播放电影、上网搜索或拨打电话。

在日常生活中，我们可以利用算法来做各种事情，比如刷牙的算法大概是这样的：

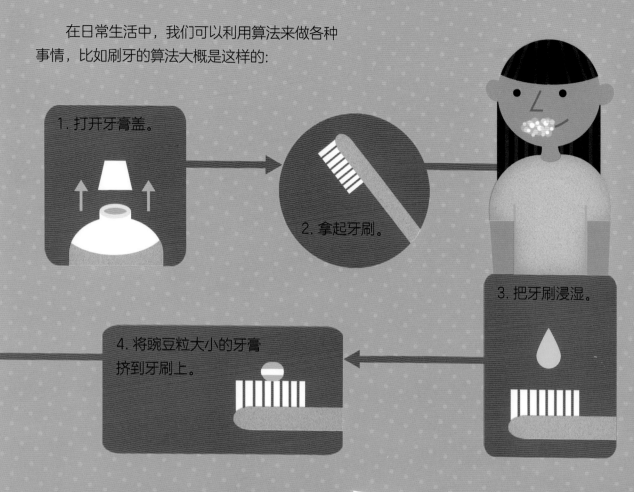

1. 打开牙膏盖。

2. 拿起牙刷。

3. 把牙刷浸湿。

4. 将豌豆粒大小的牙膏挤到牙刷上。

9. 盖紧牙膏盖。

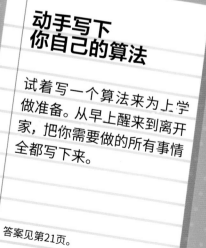

动手写下
你自己的算法

试着写一个算法来为上学做准备。从早上醒来到离开家，把你需要做的所有事情全都写下来。

答案见第21页。

顺序要正确

只有按照正确的顺序完成各个步骤，算法才能正常运行。算法中指令的顺序被称为序列。

我们在写一个算法时，必须提前想好正确步骤。比如穿衣服，如果先穿鞋再穿袜子，是不是很好笑？

小贴士

如果一个算法的序列是错误的，那么它将无法正常运行！

饼干算法

数据鸭编写了一个算法，这个算法可以帮它制作出它最喜欢的巧克力饼干，可是它把步骤都搞乱了。你能把它们按正确的步骤排列出来吗？

答案见第21页。

将黄油和糖混合在一起，然后加入鸡蛋和面粉。

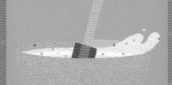

关

关掉烤箱。

将烤盘涂上一层油。

用勺子将搅拌好的面糊一勺勺地舀到烤盘上，烤制10分钟。

好好品尝吧！

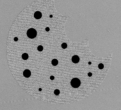

将烤箱预热到合适的温度。

180℃

制作动画

算法是用代码编写的，而代码能够为计算机所识别。

当我们在计算机上让一个角色动起来时，我们是通过算法中的代码来告诉计算机，这个角色应该在屏幕上的什么位置。

为了使角色能够移动，我们需要不停地改变角色的位置。

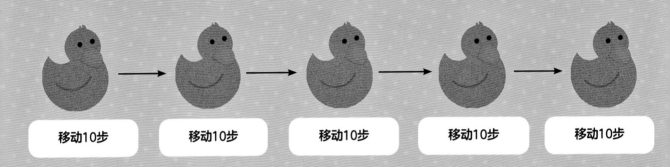

| 移动10步 | 移动10步 | 移动10步 | 移动10步 | 移动10步 |

小贴士

我们可以在算法中改变的量，比如说大小、颜色和位置，都称为变量。

如果我们想改变一个角色的颜色、大小或位置，我们就必须改写代码。

请挑出变量

仔细观察下面两幅图。你能在第二幅图中找出与第一幅中不同的四个变量吗？你可以从右边的五个方框中得到一些提示。

位置
大小
造型
镜像
动作

答案见第21页。

如果想体验更多关于变量的乐趣，并自己创建使数据鸭动起来的算法，请登录
www.blueshiftcoding.com/kidsgetcoding来完成相应的练习。

循环往复

有时，我们需要计算机一遍遍地完成同一项任务，我们称这类指令为循环。

我们每天都会做一些重复的动作。比如走路去上学的时候，我们的双脚要不停地交替迈出；骑自行车时，我们的双脚要一圈圈地蹬脚踏板。如果想让计算机重复做一件事，我们可以使用循环指令。

小贴士

每当我们需要重复一个动作或指令时，比如，我想从屏幕的一边走到另一边，我们就可以使用循环指令。

在第8页，我们让鸭子连续做了5遍"移动10步"的动作，好让它移动到页面的另一边。我们也可以用下图所示的方法在循环中放入一个指令来实现。

重复执行4次

移动10步

登录www.blueshiftcoding.com/kidsgetcoding，获取更多关于循环的练习！

果酱三明治

假设你在三明治店工作，需要重复制作相同口味的三明治，比如10份果酱三明治，你需要把哪些步骤放进循环里呢？（先写下制作1份果酱三明治的指令。）

答案见第21页。

预测一下

在要求计算机完成指令前，如果我们可以先预测一个算法的完成情况，这对我们来说是十分有用的。

就比如，我们坐在电视机前期待欣赏一部电影佳作，如果录放机的操作步骤有误，就不能正常播放！

看看下面的算法。如果对数据鸭发出以下指令，我们能预测出它会发生什么变化吗？

> 缩小1/10。

> 旋转90°。

它会变小一些，并且转了90°。

那么，如果我们改变算法，我们能预测到会发生什么事情吗？

> **重复执行4次**
>> 缩小1/10。
>>
>> 旋转90°。

同样的动作它会重复做4次！它会变小4次，转4个90°。

猜猜看

你能预测到数据鸭会画出什么形状的图案吗?

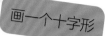

重复执行4次
　　移动4下
　　顺时针旋转90°

答案见第21页。

现在，自己写一组绘图指令吧:

邀请一位朋友，看看他能不能根据你的指令猜出你要画的是什么。

做决定

在遇到复杂情况时，计算机需要根据不同条件来决定执行哪一种操作。这时，就会用到if语句（如果语句）。

比如，我们告诉数据鸭向右移动，同时需要确保它不会走出页面。

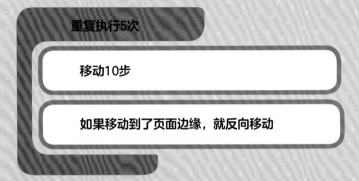

重复执行5次

移动10步

如果移动到了页面边缘，就反向移动

计算机需要做出一个数据鸭今天应该穿什么的决定。首先，它会考虑天气情况。然后，它会通过一系列if语句来决定接下来该做什么：

如果天气晴朗，告诉数据鸭戴上太阳镜。

如果下雨了，告诉数据鸭带上雨伞。

如果下雪了，告诉数据鸭戴一顶帽子。

小贴士

下面将教你如何写if语句。首先，想一个你会问朋友的问题，比如，"下雨了吗？"如果得到的回答是肯定的，那么他们必须采取下列措施——带上一把雨伞。所以if语句就是：如果下雨了，就带上雨伞。

语句游戏

和朋友们一起玩一个if语句游戏吧！
1. 分别在三张纸上写下三个不同的if语句。
2. 把它们都放进帽子里，摇一摇，然后轮流提问。
3. 每个提问的人都要读一句，其他人按所读的if语句的要求做动作。

比如下面这些语句：

如果你头发的颜色是棕色，请单脚站立。

如果你是女孩，请举手。

如果你是男孩，请摸摸脚趾。

搜索和排序

算法还可以用来帮助搜索信息和进行排序。

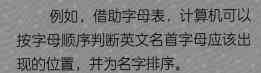

例如，借助字母表，计算机可以按字母顺序判断英文名首字母应该出现的位置，并为名字排序。

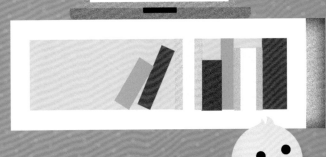

小贴士

为信息排序的算法由两个简单的部分组成。

1. 需要排序的信息。
2. 对信息进行排序的规则。

给朋友排序

你能用一个简单的规则对你朋友的信息进行排序吗？你可以按照以下这几个简单步骤来操作，就像计算机一样！

1. 在纸上写出8位朋友的名字。

2. 把名字剪下来放在信封里。

3. 每次拿出一个名字，并按身高排序。

4. 你可以想出其他为你的朋友排序的方式吗？比如，按年龄或体重。

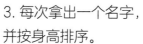

找出漏洞

算法非常有用，但有时却不能正常运行，需要我们找出原因。算法中的错误叫漏洞。

程序员会通过审读算法来查找错误并修复它们，这个过程被称为调试。出错有可能是因为缺失了某个步骤或部分序列的顺序有误。

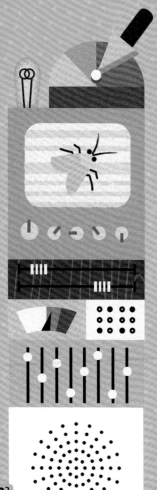

小贴士

计算机刚刚问世时，体积十分庞大！有一天，一台大型计算机发生了故障，无法工作，于是科学家把它拆开，发现里面有一只飞蛾！有人认为这就是人们使用"bug"（漏洞，原意是"虫子"）这个词的原因。

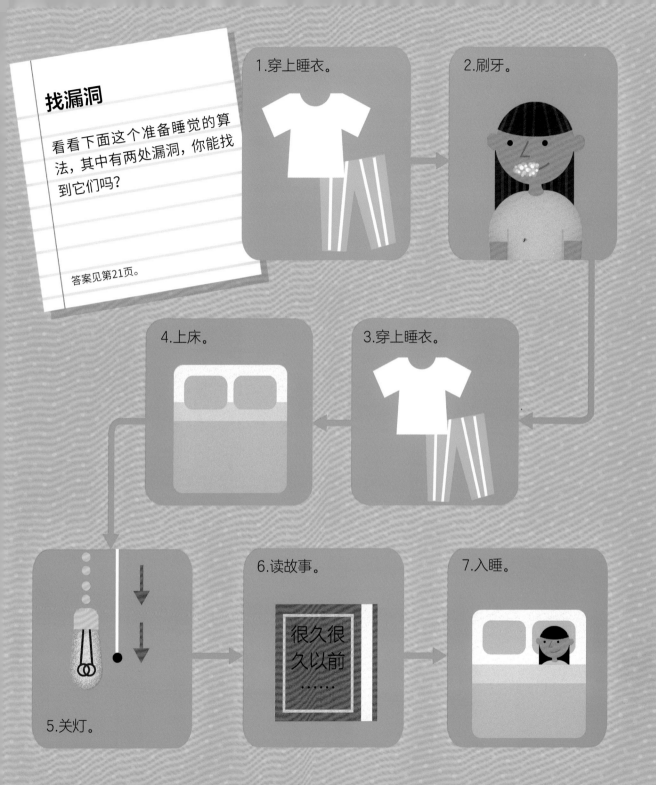

找漏洞

看看下面这个准备睡觉的算法，其中有两处漏洞，你能找到它们吗？

答案见第21页。

1.穿上睡衣。

2.刷牙。

3.穿上睡衣。

4.上床。

5.关灯。

6.读故事。

很久很久以前……

7.入睡。

登录www.blueshiftcoding.com/kidsgetcoding，查看更多练习。

拓展练习

登录www.blueshiftcoding.com/kidsgetcoding，体验更多有趣的游戏和练习：

· 创建算法；

· 使用变量；

· 使用循环；

· 预测算法的运行结果；

· 创建if语句；

· 调试。

词汇表

制作动画	赋予一个角色生命，并让它在屏幕上动起来。
漏洞	计算机程序中的错误或缺陷。
调试	查找并清除计算机程序中的漏洞。
循环	将一系列的步骤运行完最后一步后，再从第一步开始，所以步骤是重复进行的。
内存	一种将信息存储在计算机中的部件。
序列	算法中的指令。
变量	可以改变或改写的量。

游戏与练习答案

第3页

这两页中有五种计算机：电视、手机、平板电脑、台式计算机和音响。许多电视和音响中都有小型的计算机大脑（CPU——中央处理器），以便让它们寻找频道和播放节目。

第5页

例如：早上醒来——穿上衣服——梳头——刷牙——吃早餐——穿上鞋子和外套——拿起书包。

第7页

1. 将烤箱预热到合适的温度。

2. 将黄油和糖混合在一起，然后加入鸡蛋和面粉。

3. 将烤盘涂上一层油。

4. 用勺子将搅拌好的面糊一勺勺地舀到烤盘上，烤制10分钟。

5. 关掉烤箱。

6. 好好品尝吧！

第9页

1. 造型——数据鸭戴着一顶帽子。

2. 位置——老鼠和数据鸭互换了位置。

3. 镜像——老鼠朝着相反的方向。

4. 大小——老鼠变小了。

第11页

可以这样做：

　　1. 把面包片放在桌子上。

　　2. 打开果酱瓶。

　　3. 把果酱瓶放在桌子上。

　　4. 把两片面包放在工作台上。

5. 拿起刀。

6. 把果酱涂在其中一片面包上。

7. 将没有涂果酱的那片面包盖在涂果酱的那片面包上。

8. 把三明治切成两半。

9. 放下刀。

要做10份三明治：

　　1. 把面包片放在桌子上。

　　2. 打开果酱瓶。

　　3. 把果酱瓶放在桌子上。

重复10次：

　　1. 把两片面包放在工作台上。

　　2. 拿起刀。

　　3. 把果酱涂在其中一片面包上。

　　4. 将没有涂果酱的那片面包盖在涂果酱的那片面包上。

　　5. 把三明治切成两半。

　　6. 放下刀。

你的果酱三明治或许有不同的做法！

第13页

数据鸭画了一个矩形！

第19页

在算法中，"穿上睡衣"出现了两次。"关灯"应该在"读故事"之后。

图书在版编目（CIP）数据

小创客的第一课：给孩子的编程启蒙书.什么是算
法和程序漏洞/（英）希瑟·莱昂斯，（英）伊丽莎白·
特威代尔著；（英）亚历克斯·韦斯盖特绘；杨菁菁译
. -- 北京：中信出版社，2019.3
　　书名原文：Kids Get Coding:Algorithms and Bugs
　　ISBN 978-7-5086-9730-7

　　Ⅰ . ①小… Ⅱ . ①希… ②伊… ③亚… ④杨… Ⅲ .
①电子计算机－儿童读物②程序设计－儿童读物 Ⅳ .
① TP3-49 ② TP311.1-49

中国版本图书馆 CIP 数据核字 (2018) 第 258117 号

Kids Get Coding: Algorithms and Bugs
First published in Great Britain in 2016 by Wayland
Copyright © Wayland, 2016
Author: Heather Lyons and Elizabeth Tweedale
Illustration: Alex Westgate
Simplified Chinese translation copyright © 2019 by CITIC Press Corporation
All rights reserved.
本书仅限中国大陆地区发行销售

小创客的第一课：给孩子的编程启蒙书·什么是算法和程序漏洞

著　　者：［英］希瑟·莱昂斯　［英］伊丽莎白·特威代尔
绘　　者：［英］亚历克斯·韦斯盖特
译　　者：杨菁菁
出版发行：中信出版集团股份有限公司
　　　　　（北京市朝阳区惠新东街甲 4 号富盛大厦 2 座　邮编　100029）
承 印 者：北京尚唐印刷包装有限公司

开　　本：889mm×1194mm　1/16　　印　　张：1.5　　字　　数：50 千字
版　　次：2019 年 3 月第 1 版　　　印　　次：2019 年 3 月第 1 次印刷
京权图字：01-2018-4461　　　　　　广告经营许可证：京朝工商广字第 8087 号
书　　号：ISBN 978-7-5086-9730-7
定　　价：28.00 元